唤醒活力的
果蔬
排毒水

LES NOUVELLES EAUX DÉTOX

［法］索尼娅·卢卡诺 著

徐 捷 译

青岛出版社
QINGDAO PUBLISHING HOUSE

Les nouvelles eaux detox © Hachette-Livre (Hachette Pratique), 2016
Sonia Lucano

山东省版权局版权登记号 图字 15-2021-64

图书在版编目（CIP）数据

唤醒活力的果蔬排毒水 / (法) 索尼娅·卢卡诺著；
徐捷译. — 青岛：青岛出版社, 2021.5
ISBN 978-7-5552-9718-5

Ⅰ.①唤… Ⅱ.①索…②徐… Ⅲ.①果汁饮料 – 制
作②蔬菜 – 饮料 – 制作 Ⅳ.①TS275.5

中国版本图书馆CIP数据核字（2021）第061231号

书　　　名	唤醒活力的果蔬排毒水 HuanXingHuoLi De GuoShu PaiDuShui
著　　　者	［法］索尼娅·卢卡诺
译　　　者	徐　捷
出版发行	青岛出版社
社　　　址	青岛市海尔路182号（266061）
本社网址	http://www.qdpub.com
邮购电话	0532-68068091
选题策划	周鸿媛
责任编辑	逄　丹
特约编辑	王　燕
封面设计	毕晓郁
设计制作	张　骏　曹雨晨　叶德永
制　　　版	青岛帝骄文化传播有限公司
印　　　刷	青岛海蓝印刷有限责任公司
出版日期	2021年5月第1版　2021年5月第1次印刷
开　　　本	16开（710毫米×1010毫米）
印　　　张	5
字　　　数	45千
图　　　数	39幅
书　　　号	ISBN 978-7-5552-9718-5
定　　　价	45.00元

编校质量、盗版监督服务电话　4006532017　0532-68068050
建议陈列类别：生活类　美食类

目录

HOME
MADE
WATER

简介

- 果蔬排毒水，因其具有排毒养颜的功效，如今越来越受到大众的喜爱。尤其在春暖花开的季节，一杯新鲜泡制的果蔬排毒水足以唤醒在冬日里沉睡已久的味蕾。制作果蔬排毒水的原材料非常简单：新鲜的水果、富含多种维生素的蔬菜、一杯饮用水，用它们便能够调制出一杯清爽且美味的果蔬排毒水。这种果蔬排毒水可以给味觉和视觉带来一种别样的享受。

- 果蔬排毒水是一种能够完全在家自制的饮品，将新鲜的水果、蔬菜与一些香草混合，再加入一些饮用水即可。它是炎炎夏日的不二之选。

- 果蔬排毒水具有促进机体排毒的功效，也就是说，制作果蔬排毒水所用的食材，如柠檬或黄瓜，它们能够促进身体排出无用的毒素。另外，即便只是在平日里多喝白水，本身就有促进排毒的作用，更别说加入了更多食材的果蔬排毒水了。

- 制作果蔬排毒水所需的材料十分简单易得：一个玻璃罐，一些水果、蔬菜和香草即可。为了能够调制出口感上乘的果蔬排毒水，需要先把以上食材放在玻璃罐中加矿泉水混合好，将其放置于冰箱冷藏一晚。

- 本书中介绍了35种果蔬排毒水，这些果蔬排毒水都是经过精挑细选和长期试验的，无论在口感还是外观上都能给您带来极佳的享受。当然，您也可以调制出适合自己口味的果蔬排毒水。

- 让我们一同走进制作果蔬排毒水的世界吧！

制作前的一些小建议

- **原料：** 最好选择有机水果和蔬菜，以避免有的水果和蔬菜表皮附有农药！通常来说，果皮中维生素的含量较高。可以将水果切成中等大小的薄片，注意不要切得太小，不然有的水果可能会在水中软化（例如草莓、杧果……）。另外，切得越小，所流失的果汁和维生素就越多。

- **容器：** 准备 500 毫升的玻璃罐，当然，一个好看的玻璃罐很重要！但是，更重要的是它要有一个盖子，因为果蔬排毒水需要盖上盖子在冰箱里冷藏。我喜欢使用梅森罐（Mason Jar），这种极具加州风情的罐子更能突显出果蔬排毒水中的健康元素。选择中号就足够了，制作好后放入冰箱冷藏一晚，第二天就可以用吸管直接饮用了，还可以吸到果肉呢。不过，您也可以买玻璃密封罐，杂货铺里就可以买到。

- **储存：** 果蔬至少需要浸泡几个小时，最好在冰箱里放一整晚。在这期间，果蔬浸泡在水中尽情地释放出所有的滋味，在冷水里释放的速度要比在热水中缓慢得多。冰箱是最为理想的储存场所，不仅能够冷藏食物，还能延缓维生素的分解。需要注意的是，放置时间不要超过 24 小时。不然，维生素将失去其有益作用，水果和蔬菜也会开始在水中降解。

- **注意：** 果蔬排毒水并不能为人体提供能量，因为我们并没有真正地吃掉那些水果和蔬菜。果蔬排毒水只是另一种形式的维生素水，它富含 B 族维生素、维生素 C 和其他抗氧化剂。这些果蔬通常对人体有益——比如柠檬，富含维生素 C，能够帮助肝脏排毒；黄瓜能够促进消化。果蔬排毒水最大的优点在于健康，低糖，不含化学添加剂，关键还很好喝。建议您每天饮用 1.5 升左右的水。喝完果蔬排毒水后，剩下的水果也是可以食用的。

准备工作

- 最好选择有机水果、蔬菜和香草，并洗净表皮。
- 将水果和蔬菜切成薄片。
- 将水果和蔬菜薄片放入玻璃罐中。同时考虑颜色搭配，最为理想的搭配是让颜色有渐变的效果。
- 也可依照个人需求，添加药用植物。
- 添加冰块，也能作为一种装饰品，使果蔬排毒水的造型更美观。
- 加入矿泉水，也可以使用苏打水。
- 静置几个小时或一整夜，第二天来享受美味。

所需的工具

一个带盖的玻璃罐，一把刀，一块切菜板，一把蔬菜刷和一根吸管。

苹果+青柠

 🥛 500 毫升的玻璃罐 / ⏰ 准备时间：10 分钟 / 📊 难易度：容易

🍌 配料

苹果……………………… 1/2 个

青柠……………………… 1/2 个

矿泉水…………………… 约 400 毫升

冰块……………………………… 适量

🍴✓ 步骤

1. 将苹果和青柠洗净。

2. 将苹果和青柠切成薄片。

3. 将苹果片放在玻璃罐的底部。

4. 将柠檬片贴在罐壁上，加冰块，然后倒满矿泉水。

5. 盖上盖子后放入冰箱过夜，第二天便可享受这酸酸甜甜的滋味，插上吸管饮用效果更佳。

菠萝+椰肉+椰汁

🍶 500 毫升的玻璃罐 / ⏰ 准备时间：15 分钟 / 📊 难易度：容易

🍌 配料

菠萝…………………………… 1/4 个

椰子…………………………… 1/4 个

矿泉水………………… 约 400 毫升

冰块…………………………… 适量

🍽️ 步骤

---

1. 将菠萝切成片。

2. 将椰子敲碎，倒出椰汁备用，将椰肉切成片。

3. 将椰肉片放在玻璃罐的底部，再放入菠萝片。

4. 添加冰块。倒入 3 汤勺椰汁，然后倒矿泉水，将玻璃罐灌满。

5. 盖上盖子后放入冰箱过夜，第二天就可以喝到椰香浓郁的排毒水了，插上吸管饮用效果更佳。

茴香根＋百里香＋黄瓜

🥛500 毫升的玻璃罐　/　⏱ 准备时间：10 分钟　/　📈 难易度：容易

🍋 配料

茴香根·························· 1/2 个

新鲜百里香····················· 几枝

黄瓜···························· 1/4 根

矿泉水·················· 约 400 毫升

冰块···························· 适量

🍽✓ 步骤

1. 将黄瓜、茴香根和新鲜百里香冲洗干净。

2. 将黄瓜和茴香根切成薄片。

3. 将黄瓜片和茴香根片放在玻璃罐的底部。

4. 将百里香轻靠在玻璃罐的侧边，加冰块，然后倒满矿泉水。

5. 盖上盖子后放入冰箱过夜，第二天就可以品尝香气四溢的排毒水了，插上吸管饮用效果更佳。

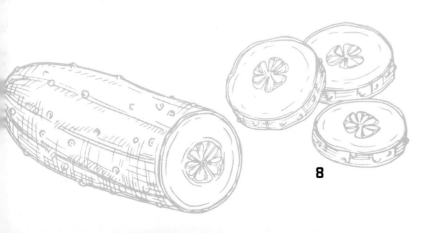

橙子 + 肉桂棒 + 丁香 + 八角

🥛 500 毫升的玻璃罐　/　⏱ 准备时间：10 分钟　/　📊 难易度：容易

🍒 配料

橙子·························· 1/2 个

肉桂棒·························· 1 根

八角·························· 3 个

干丁香·························· 2 颗

矿泉水·················· 约 400 毫升

冰块·························· 适量

🍴✓ 步骤

1. 将橙子的表皮洗净。

2. 将橙子切成薄片。

3. 将橙子片及所有香料放入玻璃罐中。

4. 加入冰块后，倒满矿泉水。

5. 盖上盖子后放入冰箱过夜，第二天便能享受这美妙滋味，插上吸管饮用效果更佳。

紫红色浆果+薄荷

 500 毫升的玻璃罐　/　⏰ 准备时间：10 分钟　/　📊 难易度：容易

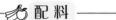 配料

红醋栗………………………… 2 串

黑莓…………………………… 5 颗

蓝莓…………………………… 12 颗

新鲜的薄荷…………………… 1 小枝

矿泉水………………… 约 400 毫升

冰块………………………… 适量

🍴✓ 步骤

1. 将三种浆果和新鲜的薄荷洗净。

2. 将蓝莓和黑莓放在玻璃罐的底部。

3. 轻轻地将薄荷放在玻璃罐的一侧，添加冰块，最后放入红醋栗。倒矿泉水至罐口。

4. 盖上盖子后放入冰箱过夜，第二天便可享受这清凉酸爽的滋味，插上吸管饮用效果更佳。

石榴+西瓜+青柠

🫙 500毫升的玻璃罐 / ⏰ 准备时间：15分钟 / 📊 难易度：容易

 配料

石榴·····················1/2个
西瓜·····················1/4个
青柠·····················1/2个
矿泉水················约400毫升
冰块·····················适量

 步骤

1. 将西瓜和青柠清洗干净。

2. 西瓜不去皮，切成四份，然后切成三角形。

3. 将青柠切成片。

4. 剥出石榴籽。

5. 将石榴籽放在玻璃罐的底部，然后放入带皮的西瓜片。

6. 将青柠片贴在罐壁，添加冰块。倒入矿泉水至罐口。

7. 盖上盖子后放入冰箱过夜，第二天便可品尝这酸酸甜甜的排毒水，插上吸管饮用效果更佳。

草莓+柠檬+薄荷

🫙 500 毫升的玻璃罐 / ⏰ 准备时间：10 分钟 / 📊 难易度：容易

🧄 配料

草莓························ 4~5 颗

柠檬························· 1/2 个

新鲜的薄荷················· 1 小枝

矿泉水················· 约 400 毫升

冰块························ 适量

🍴✓ 步骤

1. 将草莓和新鲜的薄荷洗净。将柠檬的表皮刷干净。

2. 将草莓切成两半，将柠檬切成薄片。

3. 将草莓放在玻璃罐的底部，然后放薄荷。

4. 将柠檬片贴在罐壁上，添加冰块，最后倒入矿泉水至罐口。

5. 盖上盖子后放入冰箱过夜，第二天便可享受这酸甜的滋味，插上吸管饮用效果更佳。

杏+覆盆子+马鞭草叶

📦500毫升的玻璃罐 / ⏰准备时间：20分钟 / 📊难易度：容易

🍌 配料

杏…………………………… 2 个

覆盆子…………………… 12 颗

马鞭草叶（最好是新鲜的，晒干的也

可）…………………… 约 20 片

矿泉水……………… 约 400 毫升

冰块…………………………… 适量

步骤

1. 如果是新鲜的马鞭草叶，将它洗净。注入 50 毫升的开水，滤去叶子，晾凉后倒入玻璃罐中，留一些马鞭草叶用于装饰。

2. 将杏和覆盆子洗净。

3. 将杏去核，切成两半。

4. 将杏和覆盆子放在玻璃罐的底部。

5. 将留下的马鞭草叶放在玻璃罐的侧面，添加冰块。倒入矿泉水至罐口。

6. 盖上盖子后放入冰箱过夜，第二天便可享受这清甜的滋味，插上吸管饮用效果更佳。

黄瓜+迷迭香+罗勒

🏺 500 毫升的玻璃罐 / ⏰ 准备时间：10 分钟 / 📊 难易度：容易

🥬 配料

黄瓜……………………… 1/2 根

迷迭香…………………… 2 枝

罗勒……………………… 3 片

矿泉水…………………… 约 400 毫升

冰块……………………… 适量

🍽️ 步骤

1. 将黄瓜、迷迭香和罗勒洗净，黄瓜切成薄片。

2. 将黄瓜片及香草放入玻璃罐中。

3. 加入冰块后，倒满矿泉水。

4. 盖上盖子后放入冰箱过夜，第二天便能享受这清新的滋味，插上吸管饮用效果更佳。

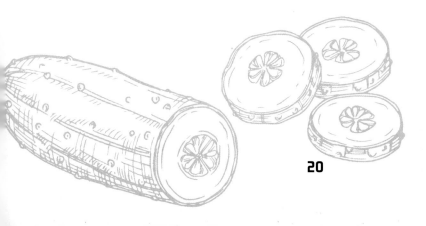

甜瓜＋草莓＋八角

🫙500 毫升的玻璃罐　/　⏰ 准备时间：10 分钟　/　📊 难易度：容易

 配料 ────

────🍴✓🍴 步骤 ────

甜瓜……………………… 1/4 个

草莓……………………… 5 颗

八角……………………… 2 个

矿泉水…………… 约 400 毫升

冰块……………………… 适量

1. 将草莓洗净，切成两半。

2. 去除甜瓜的表皮和籽，切成块。

3. 将甜瓜块和草莓放在玻璃罐的底部。

4. 添加冰块，将八角放在玻璃罐的一边。 倒入矿泉水至罐口。

5. 盖上盖子后放入冰箱过夜，第二天便可享用这杯排毒水，插上吸管饮用效果更佳。

柑橘类（柠檬 ＋ 青柠 ＋ 橙子 ＋ 葡萄柚）

🗒 500 毫升的玻璃罐 / ⏱ 准备时间：10 分钟 / 📶 难易度：容易

🧄 配料

柠檬⋯⋯⋯⋯⋯⋯⋯⋯⋯ 1/2 个

青柠⋯⋯⋯⋯⋯⋯⋯⋯⋯ 1/2 个

橙子⋯⋯⋯⋯⋯⋯⋯⋯⋯ 1/2 个

葡萄柚⋯⋯⋯⋯⋯⋯⋯⋯ 1/2 个

矿泉水⋯⋯⋯⋯⋯⋯ 约 400 毫升

冰块⋯⋯⋯⋯⋯⋯⋯⋯⋯⋯ 适量

🍽 步骤

1. 将这些柑橘类水果的表皮清洗干净，并将它们切成薄片。

2. 将柑橘类水果的切片贴在罐壁上，加入冰块。倒入矿泉水至罐口。

3. 盖上盖子后放入冰箱过夜，第二天就可以喝上酸酸甜甜的排毒水，插上吸管饮用效果更佳。

桃子╬柠檬╬百里香

🫙500 毫升的玻璃罐 / ⏱ 准备时间：10 分钟 / 📶 难易度：容易

 配料

桃子……………………… 1/2 个

柠檬……………………… 1/2 个

新鲜百里香……………… 3 枝

矿泉水…………… 约 400 毫升

冰块…………………… 适量

🍽✅ 步骤

---

1. 将桃子和柠檬的表皮清洗干净，将新鲜百里香洗净。

2. 将桃子去核，切成四块，然后将每块切成两半。

3. 将柠檬切成薄片。

4. 将桃子块和柠檬片放在玻璃罐的底部。

5. 轻轻地将百里香靠在罐壁上，加入冰块。倒入矿泉水至罐口。

6. 盖上盖子后放入冰箱过夜，第二天便可享用桃子味的排毒水，插上吸管饮用效果更佳。

杏+迷迭香

🫙 500 毫升的玻璃罐 / ⏰ 准备时间：5 分钟 / 📈 难易度：容易

🧄 配料

杏……………………………… 1 个

新鲜的迷迭香………………… 1~2 枝

矿泉水…………………… 约 400 毫升

冰块…………………………… 适量

🍽 步骤

1. 将杏和迷迭香洗净。

2. 将杏去核，切成两半。

3. 将杏放在玻璃罐的底部。

4. 轻轻地将迷迭香靠在罐壁上，加入冰块。倒入矿泉水至罐口。

5. 盖上盖子后放入冰箱过夜，第二天便可享用这香甜的排毒水，插上吸管饮用效果更佳。

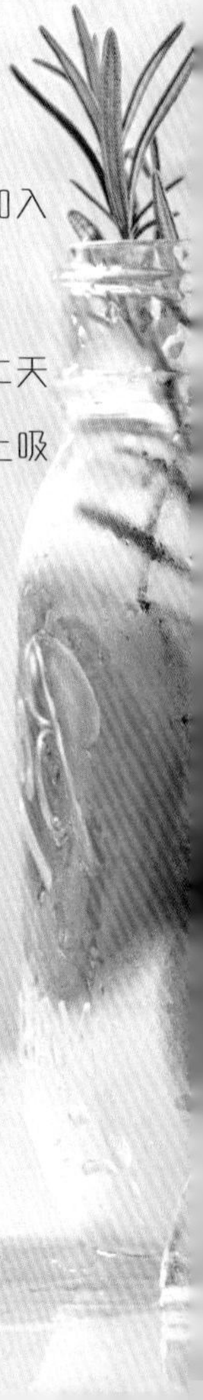

黄瓜+草莓+覆盆子

🥛 500 毫升的玻璃罐　/　⏱ 准备时间：10 分钟　/　📊 难易度：容易

🍓 配料

黄瓜·························· 1/4 根

草莓·························· 5 颗

覆盆子······················ 5~6 颗

矿泉水····················· 约 400 毫升

冰块·························· 适量

步骤

1. 将黄瓜洗净，切成薄片。

2. 将草莓和覆盆子洗净，将草莓切成两半。

3. 将黄瓜片放在玻璃罐的底部，然后放入草莓和覆盆子。

4. 添加冰块并将矿泉水倒至罐口。

5. 盖上盖子后放入冰箱过夜，第二天就可以饮用这散发着清香的果蔬排毒水，插上吸管饮用效果更佳。

橙子 黑莓

🥤500 毫升的玻璃罐　/　⏱ 准备时间: 5 分钟　/　📊难易度: 容易

🍒 配料

橙子……………………… 1/2 个

黑莓……………………… 12 颗

矿泉水…………………… 约 400 毫升

冰块……………………………… 适量

🍽✓ 步骤

1. 将黑莓洗净。

2. 将橙子的表皮清洗干净，切成薄片。

3. 将黑莓放在玻璃罐的底部。

4. 将橙子片放在玻璃罐的底部。添加冰块，将矿泉水倒至罐口。

5. 盖上盖子后放入冰箱过夜，第二天就可以享用酸甜爽口的排毒水，插上吸管饮用效果更佳。

草莓+荔枝+罗勒

🏺500毫升的玻璃罐 / ⏱准备时间：10分钟 / 📊难易度：容易

🍌 配料

草莓……………………… 5颗

荔枝……………………… 5颗

新鲜罗勒………………… 1枝

矿泉水…………… 约400毫升

冰块…………………… 适量

🍽 步骤

1. 将草莓和新鲜罗勒洗净。

2. 将荔枝剥皮。

3. 将草莓切成两半。

4. 将荔枝肉放在玻璃罐的底部，然后放入草莓。

5. 添加冰块，轻轻地将罗勒枝放在玻璃罐的侧面。将矿泉水倒至罐口。

6. 盖上盖子后放入冰箱过夜，第二天便可享用甘甜清爽的排毒水，插上吸管饮用效果更佳。

苹果+肉桂棒

🍶 500 毫升的玻璃罐 / ⏰ 准备时间：10 分钟 / 📊 难易度：容易

―――― 🍌 配料 ――――

―――― 🍽✓ 步骤 ――――

苹果……………………………… 1 个

肉桂棒…………………………… 2 根

矿泉水…………………… 约 400 毫升

冰块……………………………… 适量

1. 将苹果洗净，不去皮，切成薄片。

2. 将肉桂棒放在玻璃罐的底部。

3. 将苹果片贴在罐壁上，加入冰块。将矿泉水倒至罐口。

4. 盖上盖子后放入冰箱过夜，第二天就可以喝到满口香气的排毒水，插上吸管饮用效果更佳。

木瓜＋荔枝＋迷迭香

📦 500 毫升的玻璃罐　/　⏰ 准备时间：10 分钟　/　📶 难易度：容易

🍌 配料

木瓜·························· 1/2 个

荔枝·························· 5 颗

迷迭香······················ 1 小枝

矿泉水·················· 约 400 毫升

冰块·························· 适量

🍴 步骤

1. 将迷迭香枝清洗干净。

2. 木瓜去皮及种子，切成块。

3. 将荔枝剥皮。

4. 将木瓜块和荔枝肉放在玻璃罐的底部。

5. 将迷迭香枝靠在玻璃罐的侧面，添加冰块。将矿泉水倒至罐口。

6. 盖上盖子后放入冰箱过夜，第二天就可以来上一杯充满热带风情的排毒水，插上吸管饮用效果更佳。

青苹果+猕猴桃+莳萝

🫙 500 毫升的玻璃罐 / ⏱ 准备时间：10 分钟 / 📊 难易度：容易

🍌 配料

青苹果····················· 1/2 个

猕猴桃····················· 1/2 个

新鲜莳萝····················· 4 枝

矿泉水····················· 约 400 毫升

冰块····················· 适量

🍽✓ 步骤

1. 将苹果和猕猴桃洗净。

2. 苹果和猕猴桃不去皮，切成薄片。

3. 先将水果薄片放入玻璃罐中，再加莳萝。

4. 加入冰块后，倒满矿泉水。

5. 盖上盖子后放入冰箱过夜，第二天即能享用清新爽口的排毒水，插上吸管饮用效果更佳。

大黄茎 + 梨 + 草莓 + 薄荷

🥤 500 毫升的玻璃罐 / ⏱ 准备时间：15 分钟 / 📊 难易度：容易

🥕 配料

大黄茎…………………… 1 根

梨…………………… 1/2 个

草莓…………………… 3 颗

薄荷…………………… 1 枝

矿泉水…………… 约 400 毫升

冰块…………………… 适量

🍴 步骤

1. 将所有食材洗净。

2. 梨不去皮，切成薄片。

3. 将大黄茎切成片，将草莓切成两半。

4. 将梨片、草莓和大黄茎片放在玻璃罐的底部。

5. 将薄荷放在玻璃罐的侧面，加入冰块。将矿泉水倒至罐口。

6. 盖上盖子后放入冰箱过夜，第二天就可以享用一杯果蔬排毒水，插上吸管饮用效果更佳。

柠檬+青柠+柠檬百里香

🫙500毫升的玻璃罐 / ⏱准备时间：10分钟 / 📊难易度：容易

 配料

柠檬·······················1/2 个

青柠·······················1/2 个

柠檬百里香··············3~4 枝

矿泉水················约 400 毫升

冰块·······················适量

🍽✓ 步骤

1. 将柠檬和青柠清洗干净，不去皮，切成薄片。

2. 将柠檬百里香枝洗净。

3. 将柠檬片和青柠片放在玻璃罐的底部。

4. 添加冰块，将柠檬百里香枝轻靠在玻璃罐的侧面。将矿泉水倒至罐口。

5. 盖上盖子后放入冰箱过夜，第二天就能享用柠檬味的排毒水，插上吸管饮用效果更佳。

杜果+生姜+柠檬百里香

🫙500 毫升的玻璃罐 / ⏱ 准备时间：10 分钟 / 📊 难易度：容易

🍌 配料

杜果······················ 1/2 个

生姜······················ 1 小块

柠檬百里香············· 3 ~ 4 枝

矿泉水·············· 约 400 毫升

冰块······················ 适量

🍴✓ 步骤

1. 将柠檬百里香枝清洗干净。

2. 将杜果去皮，切成块。

3. 将生姜去皮，切成 5 片薄片。

4. 将杜果块放在玻璃罐的底部，然后放入生姜片。

5. 将柠檬百里香枝侧放在玻璃罐里，加入冰块后，倒满矿泉水。

6. 盖上盖子后放入冰箱过夜，第二天便是一杯美味的排毒水，插上吸管饮用效果更佳。

樱桃+草莓+生姜

🥫 500 毫升的玻璃罐 / ⏱ 准备时间: 10 分钟 / 📊 难易度: 容易

🍌 配料

樱桃·····················5 颗

草莓·····················5 颗

生姜·····················1 小块

矿泉水·················约 400 毫升

冰块·····················适量

🍴✓ 步骤

1. 将樱桃和草莓清洗干净，将草莓切成两半。

2. 将生姜去皮，切成 5 片薄片。

3. 将樱桃和草莓放在玻璃罐的底部。

4. 将生姜片侧放在玻璃罐里，加入冰块。再加满矿泉水。

5. 盖上盖子后放入冰箱过夜，第二天就是一杯"少女心"满满的排毒水，插上吸管饮用效果更佳。

48

八角＋茴香根＋迷迭香＋白桦汁

🥫 500 毫升的玻璃罐　/　⏱ 准备时间：10 分钟　/　📊 难易度：容易

🥄 配料

八角······························ 2 个
茴香根····················· 1/2 个
迷迭香························· 1 枝
白桦汁······················ 1 汤匙
矿泉水················· 约 400 毫升
冰块························· 适量

🍴 步骤

1. 将迷迭香枝清洗干净。

2. 将茴香根洗净，切成细条。

3. 将切成条的茴香根放在玻璃罐的底部。

4. 添加冰块，将八角和迷迭香枝放在玻璃罐的侧边。加入白桦汁后倒满矿泉水。

5. 盖上盖子后放入冰箱过夜，第二天就是一杯香气四溢的排毒水，插上吸管饮用效果更佳。

血橙+胡萝卜

🍶 500 毫升的玻璃罐　/　⏰ 准备时间：10 分钟　/　📊 难易度：容易

🍌 配料

血橙……………………… 1 个
胡萝卜…………………… 1/2 根
矿泉水…………………… 约 400 毫升
冰块……………………… 适量

🍽 步骤

1. 将血橙和胡萝卜清洗干净，切成薄片。

2. 将橙子片和胡萝卜片放在玻璃罐的底部。

3. 添加冰块并倒满矿泉水。

4. 盖上盖子后放入冰箱过夜，第二天就是一杯美味诱人的果蔬排毒水，插上吸管饮用效果更佳。

荔枝＋玫瑰花瓣＋椰子＋玫瑰汁

🫙500毫升的玻璃罐　/　⏰准备时间：15分钟　/　📊难易度：容易

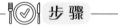

🍌 配料

荔枝…………………… 6～8颗

玫瑰花瓣…………………… 少许

椰子…………………… 1/4 个

玫瑰汁…………………… 1 茶匙

矿泉水…………… 约 400 毫升

冰块…………………… 适量

🍴✓ 步骤

1. 将荔枝去皮。

2. 将椰肉从椰子中取出，切成片。

3. 将椰肉片和荔枝肉放在玻璃罐的底部。

4. 将玫瑰花瓣贴在玻璃罐的侧面，添加冰块。 倒入玫瑰汁后加满矿泉水。

5. 盖上盖子后放入冰箱过夜，第二天便可享用这杯浪漫迷人的排毒水，插上吸管饮用效果更佳。

茴香根+黄瓜+薄荷

🥤 500 毫升的玻璃罐 / ⏰ 准备时间：10 分钟 / 📊 难易度：容易

🥑 配料

茴香根·························· 1/4 个

黄瓜·························· 1/4 根

新鲜薄荷······················ 3 枝

矿泉水·················· 约 400 毫升

冰块·························· 适量

步骤

1. 将新鲜薄荷枝和茴香根清洗干净，
   把茴香根切成圈。

2. 将黄瓜洗净，切成薄片。

3. 将黄瓜片和茴香根放在玻璃罐的底部。

4. 将薄荷枝轻靠在玻璃罐的侧面，添
   加冰块，加满矿泉水。

5. 盖上盖子后放入冰箱过夜，第二天
   便可享用一杯清新的果蔬排毒水，
   插上吸管饮用效果更佳。

菠萝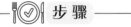百里香

📦 500 毫升的玻璃罐 / ⏰ 准备时间：10 分钟 / 📊 难易度：容易

🍌 配料

菠萝……………………… 1/4 个

新鲜百里香………………… 几枝

矿泉水…………… 约 400 毫升

冰块……………………… 适量

🍽️ 步骤

1. 将菠萝去皮，切成两半后再切成片。

2. 将新鲜百里香枝洗净。

3. 将菠萝片放在玻璃罐的底部。

4. 将百里香枝轻靠在玻璃罐的侧面，添加冰块，加满矿泉水。

5. 盖上盖子后放入冰箱过夜，第二天便可享用一杯香香甜甜的排毒水，插上吸管饮用效果更佳。

黄瓜+薄荷

📕 500 毫升的玻璃罐 / ⏱ 准备时间：10 分钟 / 📊 难易度：容易

🍌 配料

黄瓜……………………… 1/4 根

新鲜薄荷………………… 3 枝

矿泉水………………… 约 400 毫升

冰块……………………… 适量

🍴 步骤

1. 将新鲜薄荷洗净。

2. 将黄瓜切成薄片。

3. 将黄瓜片放入玻璃罐底部。

4. 将薄荷枝插在玻璃罐的两边，加入冰块后，倒满矿泉水。

5. 盖上盖子后放入冰箱过夜，第二天即能享用一杯清爽的排毒水，插上吸管饮用效果更佳。

番茄+芹菜+胡椒

🥫 500 毫升的玻璃罐　/　⏱ 准备时间：10 分钟　/　📊 难易度：容易

🥬 配料

番茄·······························　1 个

芹菜·······························　1 根

胡椒·······························　5 粒

矿泉水·························　约 400 毫升

冰块·······························　适量

🍴 步骤

1. 将番茄和芹菜清洗干净。

2. 将番茄切成薄片，芹菜保留叶子，切成段。

3. 将番茄片和芹菜段放在玻璃罐的底部，放入胡椒。

4. 将带叶子的芹菜段放在玻璃罐的侧面，添加冰块。加满矿泉水。

5. 盖上盖子后放入冰箱过夜，第二天便可享用这一杯让人欲罢不能的排毒水，插上吸管饮用效果更佳。

绿茶＋柠檬＋柠檬百里香

🥤 500 毫升的玻璃罐 / ⏰ 准备时间：20 分钟 / 📊 难易度：容易

🍌 配料

绿茶包…………………………… 1 个

柠檬…………………………… 1/2 个

柠檬百里香…………………… 几枝

矿泉水………………… 约 400 毫升

冰块…………………………… 适量

步骤

1. 将绿茶包放入 50 毫升的开水中浸泡一会儿，取出茶包，茶水晾凉备用。

2. 将柠檬切成薄片。

3. 将柠檬百里香枝洗净。

4. 将柠檬片放在玻璃罐的底部。

5. 将柠檬百里香枝靠在玻璃罐的侧面，加入冰块。 将茶水倒入玻璃罐中，再加满矿泉水。

6. 盖上盖子后放入冰箱过夜，第二天就可以来一杯茶香浓郁的排毒水，插上吸管饮用效果更佳。

芹菜+甜菜+百里香+白桦汁

🫙 500 毫升的玻璃罐 / ⏲ 准备时间：10 分钟 / 📶 难易度：容易

🥬 配料

芹菜·······················1 根

甜菜·······················1/2 个

新鲜百里香·················几枝

白桦汁·····················1 勺

矿泉水···············约 400 毫升

冰块·······················适量

步骤

1. 将新鲜百里香和芹菜清洗干净。

2. 将甜菜去皮，切成圈，芹菜切成段。

3. 将甜菜圈放在玻璃罐的底部，然后放入芹菜段，倒入白桦汁。

4. 将百里香靠在玻璃罐的侧面，加冰块和矿泉水。

5. 盖上盖子后放入冰箱过夜，第二天就可以领略到这奇异美妙的排毒水，插上吸管饮用效果更佳。

黄瓜+油桃+柠檬百里香

🥫 500 毫升的玻璃罐 / ⏲ 准备时间：10 分钟 / 📊 难易度：容易

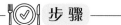 配料

黄瓜……………………… 1/4 根

油桃……………………… 1/2 个

新鲜的柠檬百里香…………几枝

矿泉水……………… 约 400 毫升

冰块…………………………适量

🍽 步骤

1. 将黄瓜、油桃和新鲜的柠檬百里香清洗干净。

2. 将黄瓜切成薄片。

3. 将油桃切成四瓣。

4. 将黄瓜片放在玻璃罐的底部，放入油桃瓣。

5. 将柠檬百里香靠在玻璃罐的侧面，加入冰块和矿泉水。

6. 盖上盖子后放入冰箱过夜，第二天便可享用这清甜的果蔬排毒水，插上吸管饮用效果更佳。

红醋栗+草莓+罗勒

🥫 500 毫升的玻璃罐　/　⏱ 准备时间：10 分钟　/　📊 难易度：容易

🍌 配料

红醋栗·························· 2 串

草莓·························· 4~5 颗

新鲜罗勒·························· 2 枝

矿泉水·························· 约 400 毫升

冰块·························· 适量

🍽 步骤

1. 将红醋栗、草莓和新鲜罗勒洗净，草莓对半切开。

2. 先将草莓、红醋栗放入玻璃罐底部，再放入罗勒。

3. 加入冰块后，倒满矿泉水。

4. 盖上盖子后放入冰箱过夜，第二天即能享用一杯甘甜的排毒水，插上吸管饮用效果更佳。

葡萄柚+迷迭香

🥫 500 毫升的玻璃罐　/　⏱ 准备时间：5 分钟　/　📊 难易度：容易

🍌 配料

葡萄柚……………………… 1/2 个

新鲜迷迭香………………… 1 枝

矿泉水………………… 约 400 毫升

冰块………………………… 适量

🍴✓ 步骤

1. 将葡萄柚和新鲜迷迭香清洗干净。

2. 将葡萄柚切成薄片。

3. 将葡萄柚放在玻璃罐的底部。

4. 将迷迭香枝放在玻璃罐的侧面，加入冰块和矿泉水。

5. 盖上盖子后放入冰箱过夜，第二天便可享受这甜蜜的滋味，插上吸管饮用效果更佳。

more rosemary